GRUNDLAGEN DER VERERBUNG SEITE 4

B-SERIE SEITE 20

VOLLFARBE & VERDÜNNUNG SEITE 21

TABBYS SEITE 24

ROT SEITE 29

POINT SEITE 33

WEISS & SCHECKUNG SEITE 34

SILBER & GOLD SEITE 40

HAARLÄNGEN SEITE 41

GENE SEITE 42

Bibliografische Information der Deutschen Nationalbibliothek

Die Deutsche Nationalbibliothek verzeichnet diese Publikation in der Deutschen Nationalbibliografie; detaillierte bibliografische Daten sind im Internet über http://dnb.d-nb.de abrufbar.

© 2011 Sandra Storch
Alle Rechte vorbehalten
Herstellung und Verlag: Books on Demand GmbH, Norderstedt
Zeichnungen, Layout und Covergestaltung: Sandra & Andreas Storch

Alle Rechte vorbehalten. Nachdruck, Übersetzung - auch auszugsweise -sowie die Vervielfältigung und Verbreitung jeglicher Art in Medien wie Film, Funk, Fernsehen, Internet und elektronischen Systemen nur mit ausdrücklicher Genehmigung des Autors.

ISBN: 978-3-8423-8051-6

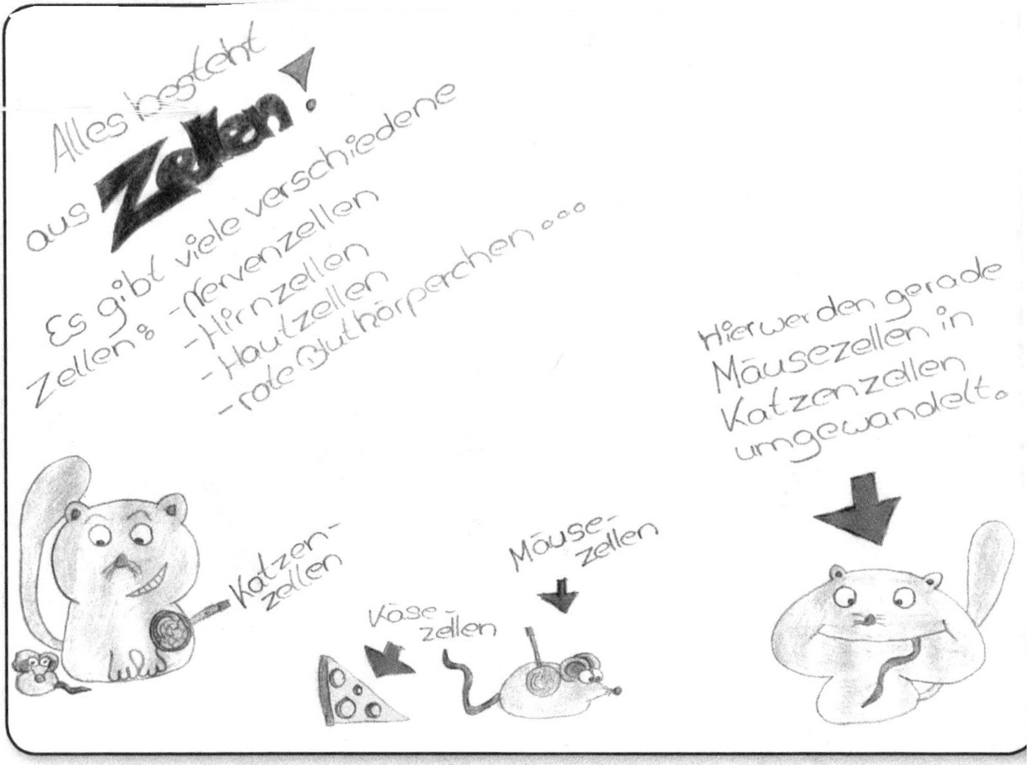

Alles besteht aus Zellen!

Es gibt viele verschiedene Zellen:
- Nervenzellen
- Hirnzellen
- Hautzellen
- rote Blutkörperchen ...

Katzenzellen

Käsezellen

Mäusezellen

Hier werden gerade Mäusezellen in Katzenzellen umgewandelt.

Chromosome
sie beherbergen unsere Erbanlagen!

Die Anzahl der Chromosomen sagt uns nichts über die Entwicklungsstufe eines Lebewesens aus.

Von Bedeutung ist die Anzahl der Gene, die sich darauf befinden.

Jackpot
ich hab die meisten
254

Ich hab 66

Ich hab 38

Ich hab nur 6

32

Ha ich hab 54

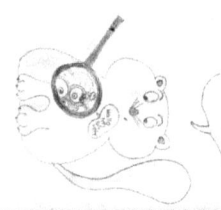

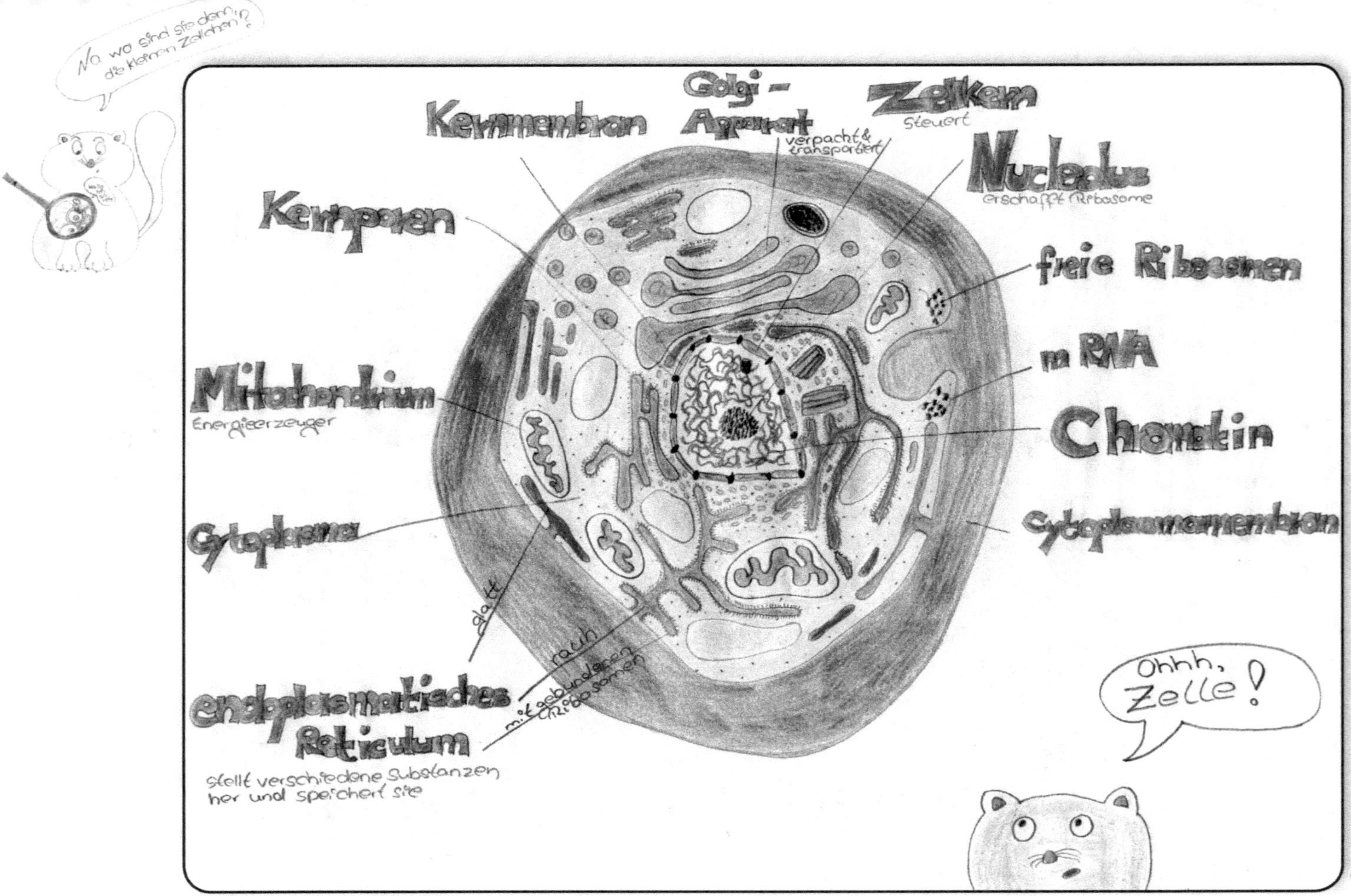

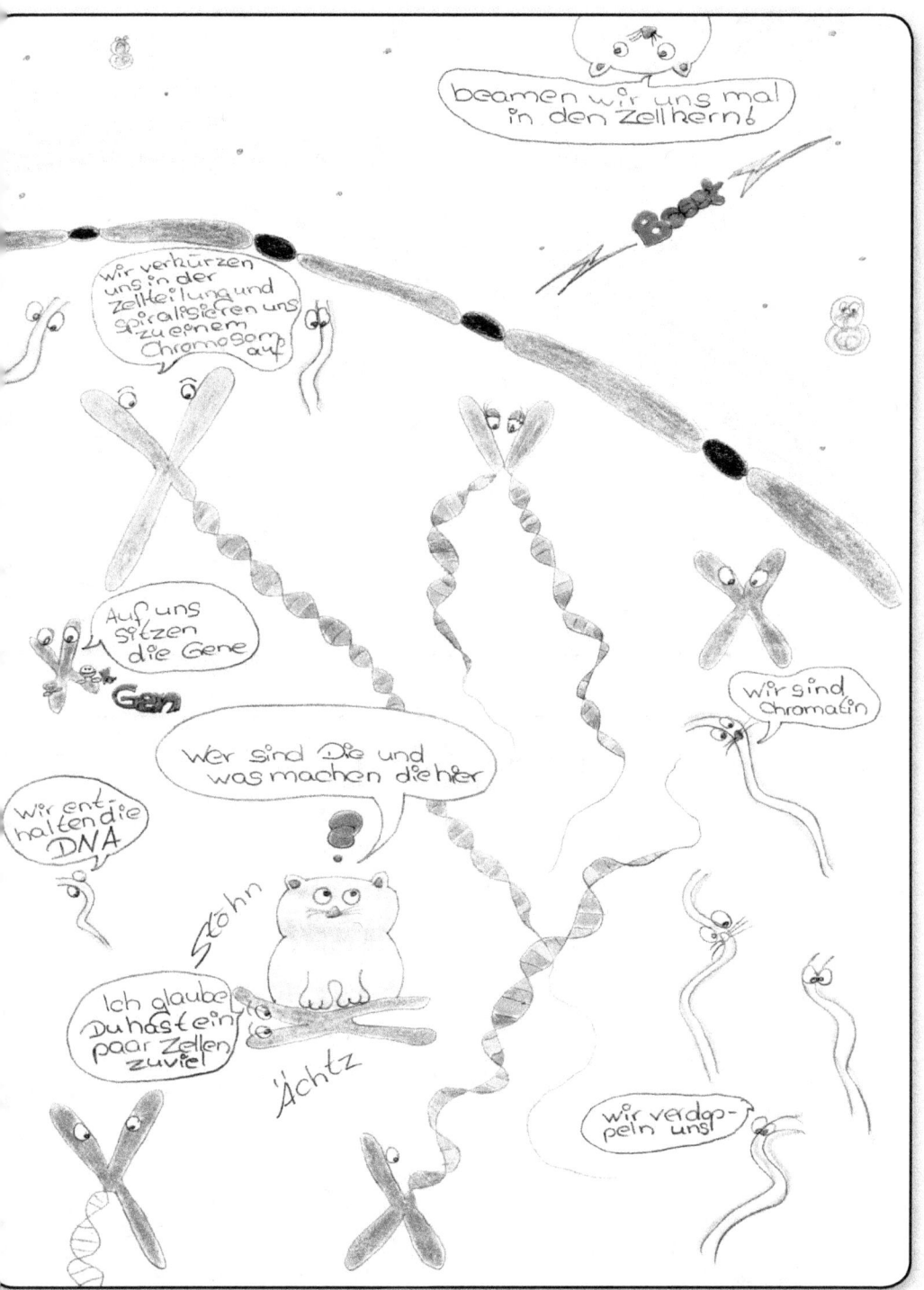

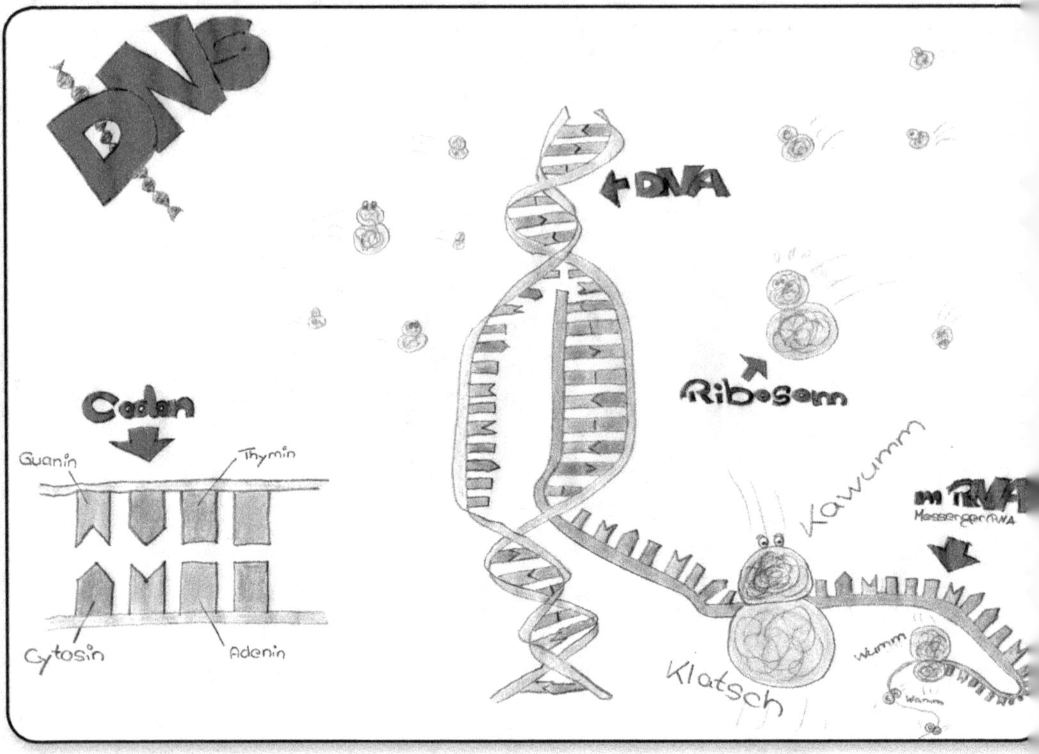

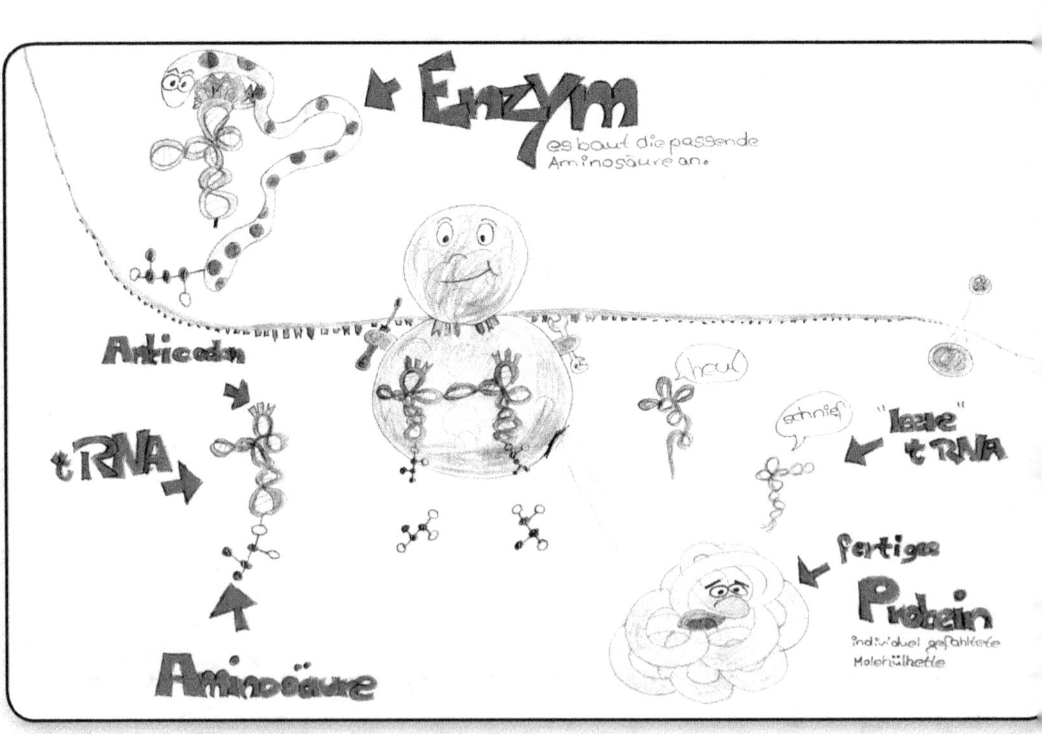

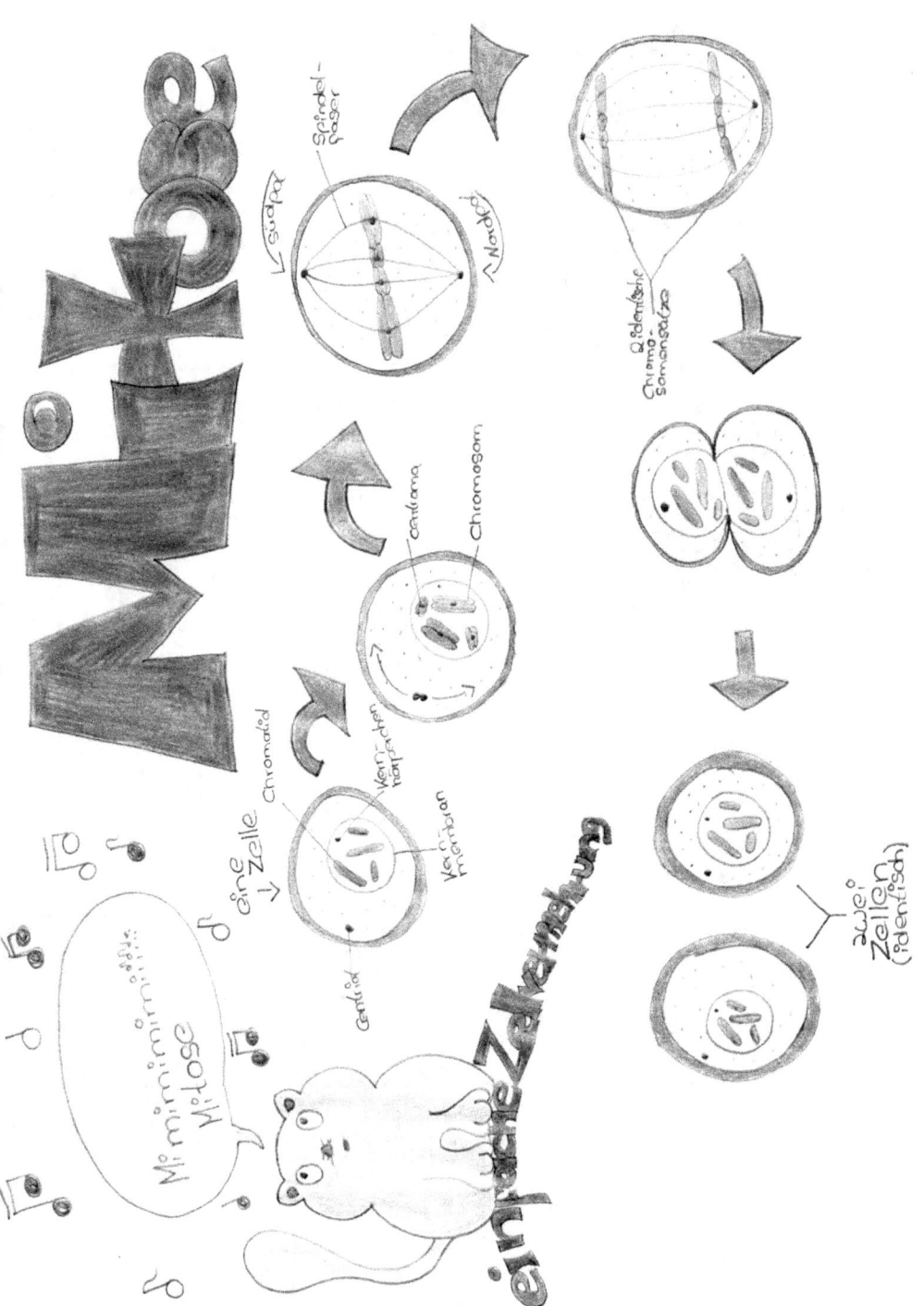

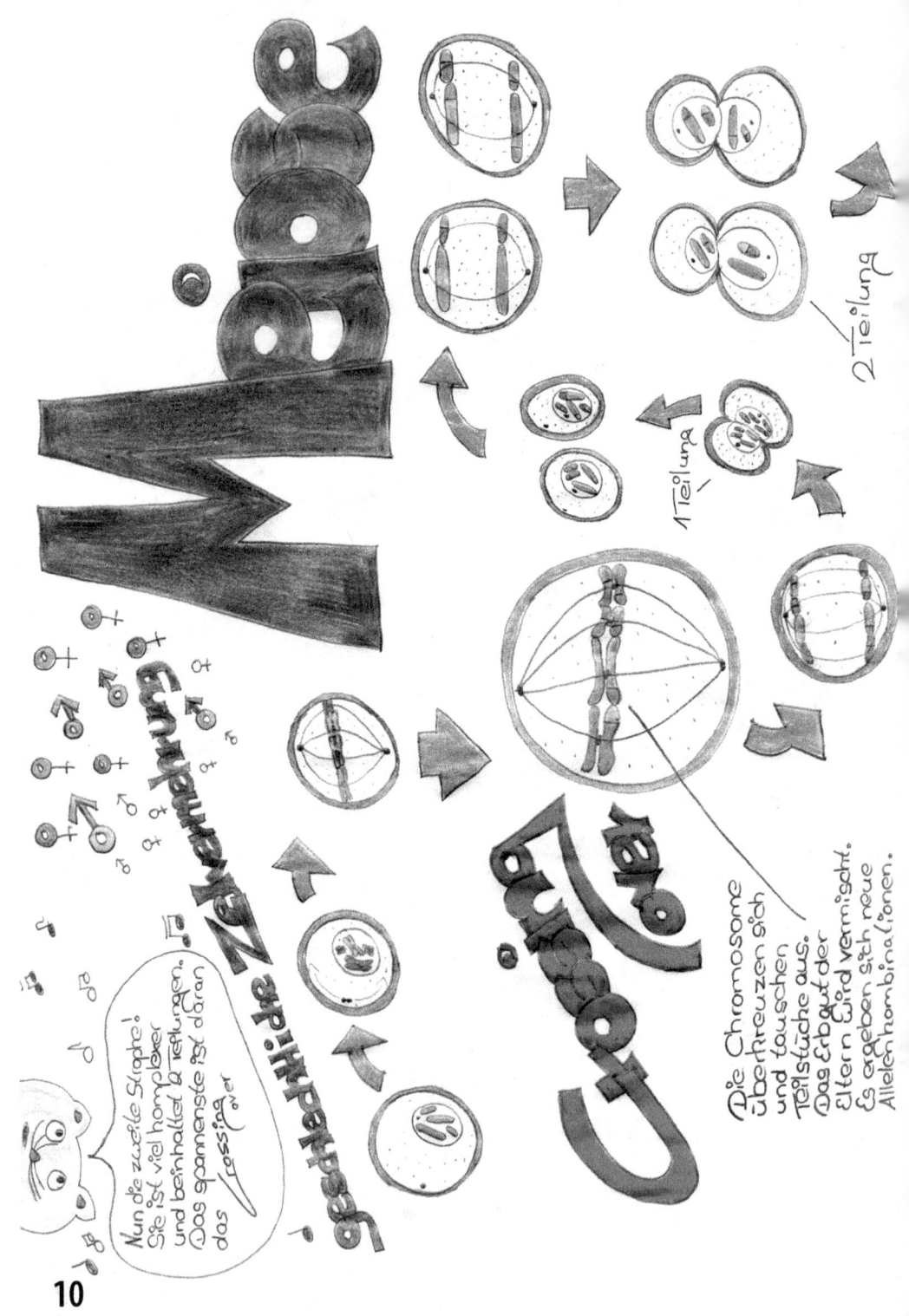

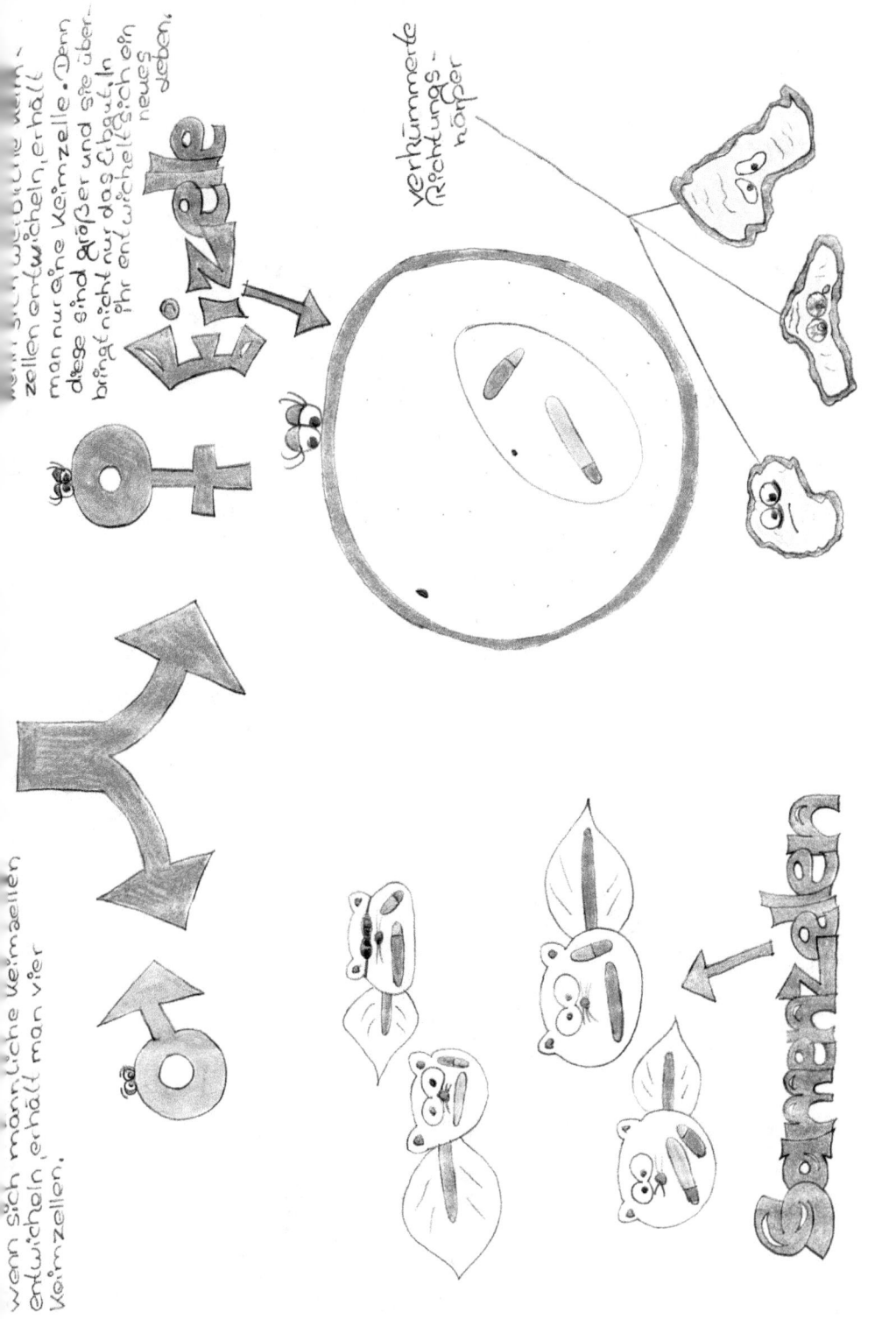

Keimzelle — haploid

Zelle — diploid

"Jawohl!"

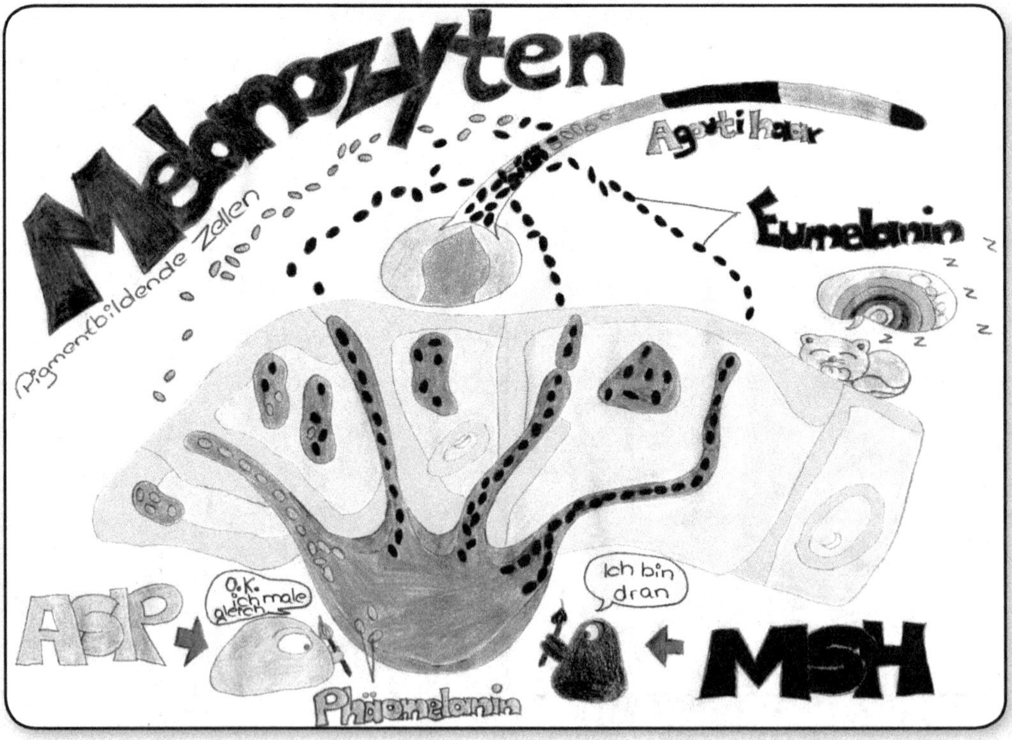

- Jedes Merkmal hat immer zwei Gene!

  ein Gen vom **Papa**   ein Gen von der **Mama**

- Entweder sind sich nun die beiden Gene einig und sagen dasselbe. Dann sind sie **homozygot**! _reinerbig_

- Oder sie wollen unterschiedliche Merkmale bewirken. Dann sind sie **heterozygot** _verschieden_

- Ist dies der Fall, müssen sich die beiden nun einigen. Dies kann auf verschiedene Weise geschehen.

- Nehmen wir uns einmal die klassische nach Mendel'schen Regeln geltene **autosomale-Vererbung** vor.

- Gene sind entweder **dominant** oder **rezessiv**

Dominant & Rezessiv

Wer hat hier das Sagen?

Wenn nun zwei verschiedene Gene da sind z.B. **schwarz** & braun wie sieht man dann aus?

Das dominante Gen!!!

B   B

BB

reinerbig homozygot

zwei dominante Gene sind sich einig

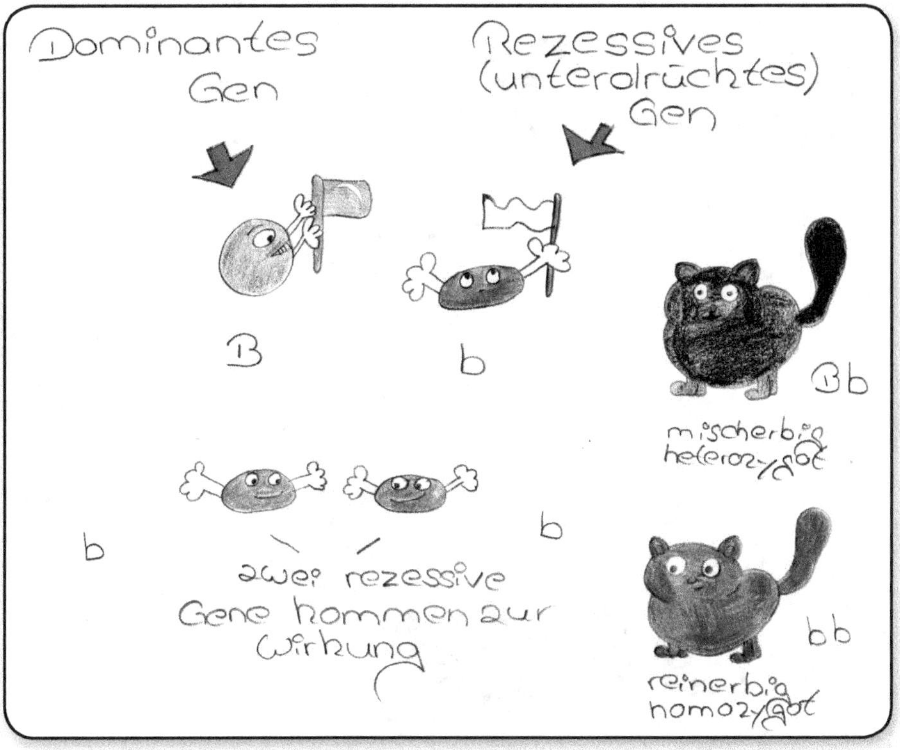

B-Serie
schwarzserie

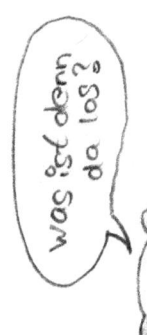

- **Schwarz** dominiert Chocolate & Cinnamon.
- Chocolate dominiert Cinnamon.
- Cinnamon ist rezessiv und kommt nur in reinerbigen Zustand zur Wirkung.

Verdünnung

voll pigmentiertes Haar

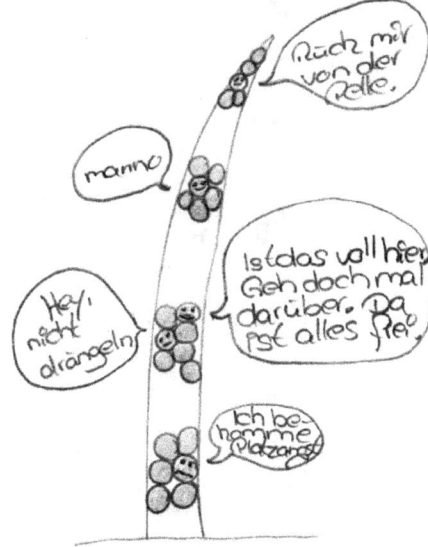

verdünntes Haar mit verklumpten Pigmenten

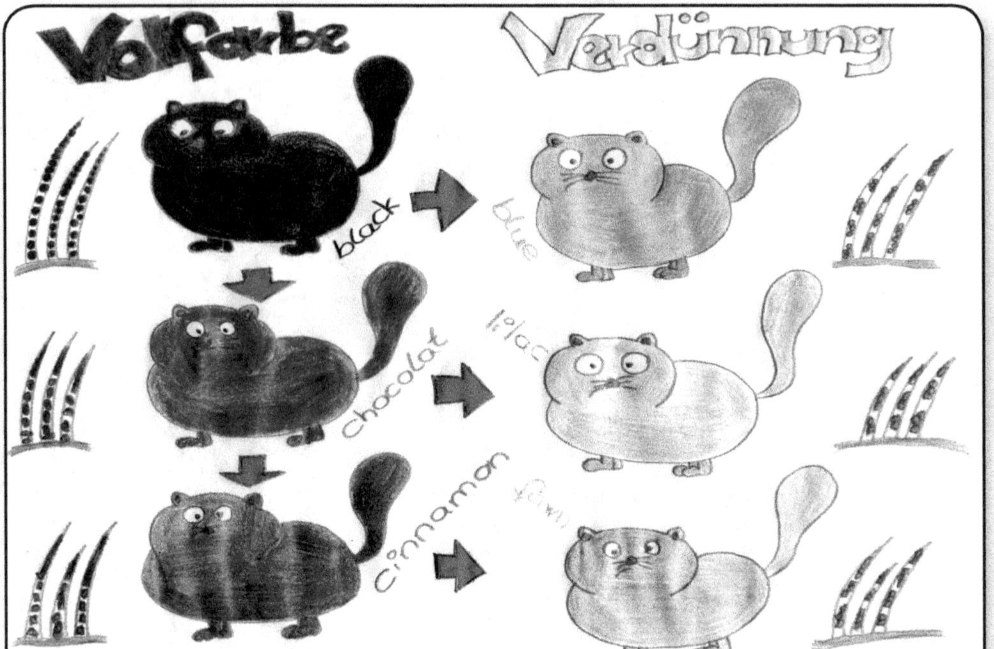

Vollfarbe → Verdünnung

- black → blue
- chocolat → lilac
- cinnamon → fawn

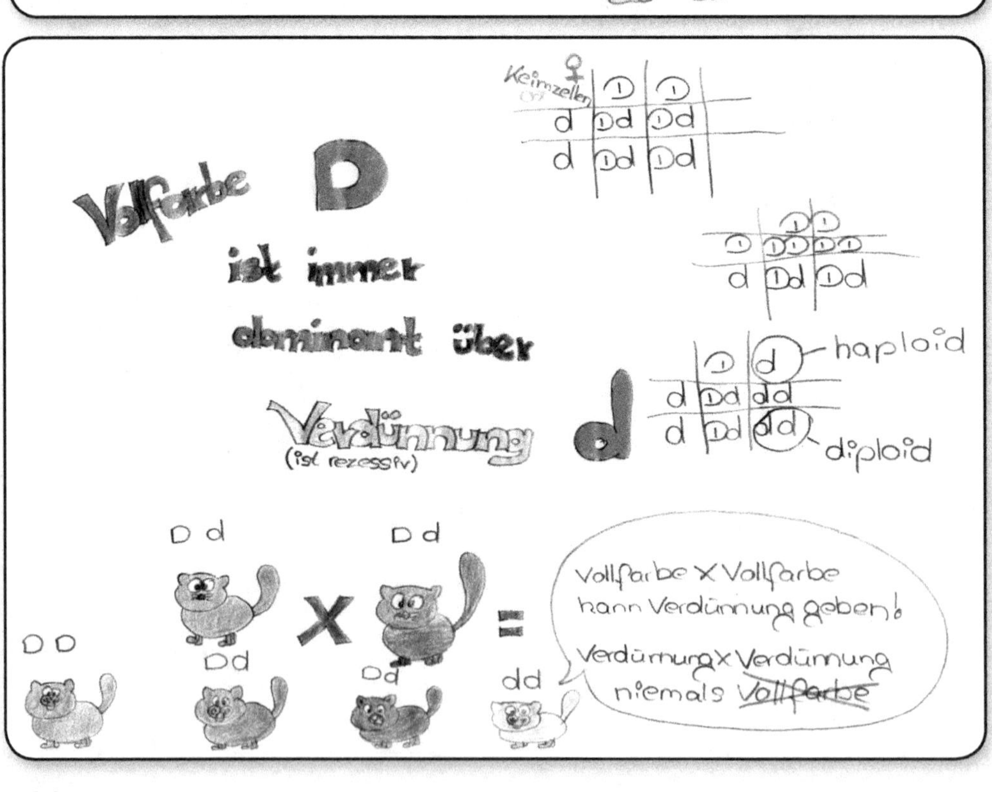

Vollfarbe D ist immer **dominant über Verdünnung d** (ist rezessiv)

- haploid
- diploid

D D × D d → D d, D d, d d

Vollfarbe × Vollfarbe kann Verdünnung geben!
Verdünnung × Verdünnung niemals ~~Vollfarbe~~

Die Verdünnung wirkt auf die schwarze und die rote Farbe!

Eine Tortie besitzt entweder zwei Vollfarben oder zwei verdünnte Farben.

Tabby

Ob eine Katze ein Tabbymuster zeigt oder nicht bestimmt das

Agouti - Gen

Es wirkt wie ein Schalter, den man ein oder ausschaltet. Wenn der Schalter auf off steht, sieht man kein Muster, doch es ist trozdem da.

Agouti ist **A** dominant über **Non-Agouti** = **a**

on/off

aa

Manche Non-Agouti Katzen zeigen "Buhh" Geisterstreifen

Das Agouti bewirkt Bänderin Haarschaft

ist komplett gefärbt

	A	A
a	Aa	Aa
a	Aa	Aa

AA — Aa × Aa = Aa — aa

	A	A
a	Aa	Aa
a	Aa	Aa

	A	A
a	Aa	Aa
a	Aa	Aa

Das **Agouti-Gen** sagt uns nur ob die Katze ein Muster zeigt oder nicht. Jedoch verrät es nicht welches Muster. Das machen die **Muster-Gene!**

"Die Zeichnung wurde nach einem Nager benannt. Dem Agouti"

AA Ta (Ta oder ta)

Hier hat man **2 Allele** gefunden

1. das Ticked

dominant **Ta** — hier bei ist das gesamte Haar geticked/gebändert

rezessiv → **ta** — kommt nur in reinerbigen Zustand zum tragen. Ein anderes Muster wird sichtbar

25

gestreift

ist nicht gleich

gestreift

Es gibt **4** verschiedene  **Muster**

Ticked
oder auch Agouti

← dominant
teilt sich das
Allel mit ta ← rezessiv
nicht ticked

dominant ↓
Mc teilt
sich das Allel
mit mc
rezessiv ↗ ↖ classic

Mackerel

oder blotched oder Räder-, Schmetterlings zeichnung

Classic

rezessiv
teilt sich das Allel mit Mc
Mc dominant
mackerel

Spotted

für die Spotted hat man mittlerweile die Genbezeichnung gefunden.

Doch man vermutet das nicht nur ein einzelnes Gen eine Spottedzeichnung hervorbringt, sondern viele Einzelgene in Kombination.

nicht spotted

- **Ticked** ist **dominant** über alle andere Tabbymuster.

- **Mackerel dominiert** das **Classic**.

- **Classic** ist das rezessivste aller Mustergene.

- Die **Spotted** Vererbung ist noch nicht gänzlich geklärt.

Es scheint bei Anwesenheit das Mackerel- und das Classicmuster aufzubrechen. Dadurch entstehen dann kleinere aufgereihte Spots oder große unregelmäßig verteilte Spots.

nun die **heterosomale** (geschlechtsgebunden) Vererbung

Das betrifft die Farbe **Rot**

Aaaahhhhhhhh...

"Ich sehe Rot! Ist das eine komplexe Farbe"

Rot × Rot = Rot (immer)

Rot ♂ × ♀ = weibliche Nachkommen immer Tortie

♂ × Rot ♀ = alle männlichen Nachkommen Rot
alle weiblichen Tortie

- Es spielt eine Rolle wer das Rot zeigt!
- Rot ist dominant und epistatisch gegenüber allen Schwarzfarben

Was unter dem rotem Fell verborgen ist, ist für unsere Augen unsichtbar.

Ein rotes Mäntelchen legt sich über die eigentliche Farbe!

"Ich bin genetisch chocolate und trage cinnamon"

Die rote Farbe sitzt auf dem weiblichen X-Chromosom.

♂ $X^o Y$ = roter Kater
♀ $X^o X^o$ = rote Katze
♀ $X^o X$ = tortie Katze

b-Serie

ⓑ ⓑˡ
XX Xy jede rote Katze besitzt trozdem zwei Gene der

- Um herauszubekommen welche Farbe eine rote Katze unter ihrem Pelz versteckt helfen:
  - Stammbaumforschung
  - Gen-Tests
  - und auf die altmodische Weise Testverpaarungen

(und noch ein Problem) *(Du siehst ja genauso aus wie ich?)* *(mmh?)*

Aa Mc-   aa Mc-

- Das **Rot** kann das Agouti nicht gänzlich ausschalten.
- Deshalb zeigen gerade rote Katzen eine deutliche Geisterzeichnung.

(wäre ich reinerbig für Ta und aufgeklettert würde man keinen Streifen mehr sehen) *(Ta ist sehr flexibel in seiner Ausprägung.)* *(es sei denn...)* *(genau, es steht unter großem polygenetischen Einfluss.)*

aa Ta Ta

- Sie besitzt das Ticked Gen **Ta** & das Non-Agouti im reinerbigen Zustand **aa**

- ♂ männliche Katzen haben nur die Möglichkeit zwischen rot (XY) und nicht rot (XY).

- ♀ weibliche Katzen haben gleich 3 Möglichkeiten:
  1. Gar nicht rot (XX)
  2. Voll Rot (XX)
  3. Rot & nicht rot (XX)

Points sind Flaschenhalsen

Kahlteschwärzbarkeit
wird nur in den kähltesten Körperstellen Pigment angelagert

Points haben immer blaue A(Ä)ugen!

Dies ist genetisch an die Fellfarbe gebunden. Das Gen heißt **cs** ist **rezessiv** gegenüber **C**

← Colorpoint
und
← Vollpigmentiert

weiß wie Schnee

Die Weiß-Scheckung

ist **dominant** & unvollständig (zu s)

reinerbig hat SS eine effectivere Wirkung, als mischerbig Ss!

epistatisch und **intermediär** (zwischenelterlich)

- Jede Scheckung ist einzigartig!
- Jedoch teilt man sie in **4** Gruppen!

- Es gibt jede Variante in jeder Farbe, auch mit Tabby, Silber, Gold, mit Tipping... und auch in Tortie (O-Serie)
- Dann werden die Schwarzfarben und die Rotfarben großflächiger verteilt. (O-Serie)
- Je höher die Scheckung, so kompakter die anderen Farben.

niedrige Scheckung — kleinere Farbflecken

hohe Scheckung — größere Farbflecken

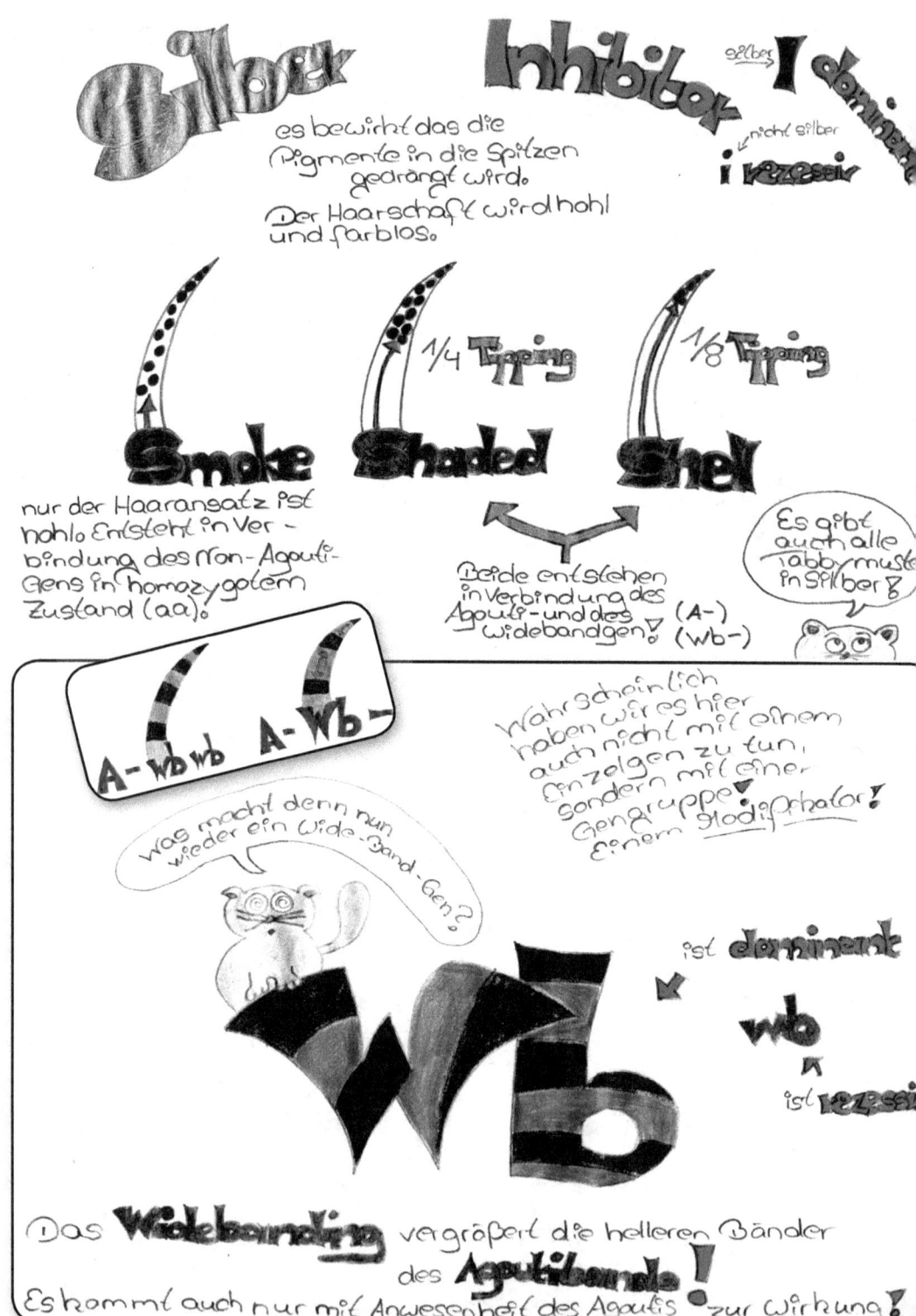

Gen-Tabelle

dominante	rezessive
A★ Agouti	a Non-Agouti
B★ Schwarz	b Chocolate
	bl Cinnamon
C★ Vollpigmentiert	c Albino
	cs Colorpoint
	cb Sepia (Burmapoint)
D★ Vollfarbe	d Verdünnung
I Silber	i★ nicht Silber
L★ Kurzhaar	l Langhaar
O Rot	o★ nicht rot
S Scheckung	s★ nicht gescheckt
W Weiß	w★ nicht Weiß
Wb Wide-Band	wb★ normale Bänderung

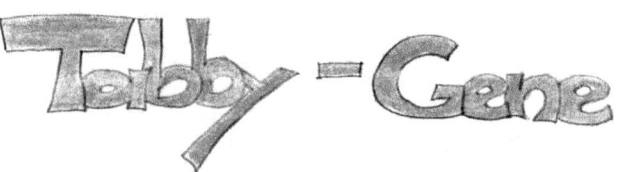

Tabby-Gene

dominante	rezessive
Ta Ticked	**ta** Non-Ticked
Mc Mackerel	**mc** classic oder blotched
Sp spotted	**sp** nicht spotted

Tschüsi! Bis bald!

www.ingramcontent.com/pod-product-compliance
Lightning Source LLC
Chambersburg PA
CBHW050029230526
45470CB00003B/1199